Svetozar Sofijanić
Dragutin Jovanović
Novak Milošević

Gestão dos riscos que afectam a segurança do transporte de mercadorias perigosas

Svetozar Sofijanić
Dragutin Jovanović
Novak Milošević

Gestão dos riscos que afectam a segurança do transporte de mercadorias perigosas

ScienciaScripts

Imprint

Any brand names and product names mentioned in this book are subject to trademark, brand or patent protection and are trademarks or registered trademarks of their respective holders. The use of brand names, product names, common names, trade names, product descriptions etc. even without a particular marking in this work is in no way to be construed to mean that such names may be regarded as unrestricted in respect of trademark and brand protection legislation and could thus be used by anyone.

Cover image: www.ingimage.com

This book is a translation from the original published under ISBN 978-620-2-05709-7.

Publisher:
Sciencia Scripts
is a trademark of
Dodo Books Indian Ocean Ltd. and OmniScriptum S.R.L publishing group

120 High Road, East Finchley, London, N2 9ED, United Kingdom
Str. Armeneasca 28/1, office 1, Chisinau MD-2012, Republic of Moldova, Europe
Printed at: see last page
ISBN: 978-620-7-76954-4

Resumo:

O documento aborda todos os aspectos de uma gestão de riscos bem sucedida para facilitar o transporte de mercadorias perigosas e concebeu um modelo para a sua gestão. Só a gestão de riscos inclui a análise do impacto na segurança do transporte de mercadorias perigosas, a descoberta das suas causas e consequências. Isto aplica-se particularmente à fase de reconhecimento dos perigos, à avaliação dos riscos e à definição de medidas para reduzir a sua ocorrência, bem como para eliminar as causas e, por conseguinte, as consequências que podem ocorrer devido a uma gestão inadequada dos riscos. As medidas correctivas e preventivas definidas para a redução das consequências dos riscos, seriam também uma boa base para a aplicação de técnicas de conceção de gestão de riscos.

Palavras-chave: *transporte de mercadorias perigosas, riscos, gestão, modelo, medidas preventivas, medidas correctivas.*

Índice

1. INTRODUÇÃO

Quando se encontram matérias perigosas no transporte, estas representam mercadorias perigosas. Se as mercadorias perigosas forem manuseadas de forma inadequada, podem provocar incêndios e explosões com libertação de gases inflamáveis, tóxicos e oxidantes, temperaturas e pressões devastadoramente elevadas, a formação de compostos perigosos, etc. Ao fazê-lo, põem em risco a segurança e a saúde das pessoas, o ambiente e os bens.

O transporte de mercadorias perigosas é um processo que inclui a preparação para a expedição, o acondicionamento das mercadorias perigosas na embalagem ou o enchimento de cisternas, contentores-cisterna ou veículos para carga a granel, o transporte das mercadorias perigosas até ao destino, a interrupção do transporte para retenção ou armazenagem temporária, o transbordo para outro tipo de veículo ou o esvaziamento das cisternas de descarga.

Tendo em conta as propriedades físicas e químicas das mercadorias perigosas, o seu transporte é um processo de alto risco, com todas as consequências para o homem e para o ambiente. O risco é particularmente expresso quando se trata de um acidente durante o transporte. Por conseguinte, os participantes no processo de transporte são particularmente vulneráveis, bem como outras pessoas que possam encontrar-se na área dos perigos potenciais da carga perigosa durante o seu transporte.

O simples facto de existirem riscos durante o transporte de mercadorias perigosas impõe a necessidade de os controlar. A base da gestão dos riscos consiste, em primeiro lugar, nos recursos humanos diretamente envolvidos na execução deste processo (expedidor, transportador, destinatário, carregador, embalador, enchedor, operador de contentor-cisterna/cisterna portátil, descarregador), nos recursos materiais (veículos, contentores, equipamentos, etc.) e nos recursos de informação (documentação de transporte, instruções escritas, etiquetas, placas cor de laranja e outros suportes de informação) e na sua gestão eficaz.

2. SEGURANÇA DO TRANSPORTE DE MERCADORIAS PERIGOSAS

A segurança do transporte de mercadorias perigosas faz parte da segurança geral do tráfego rodoviário. É uma das variáveis de saída mais importantes do sistema de transporte de cargas perigosas, Figura 1, que depende de vários factores: condutor, veículo, estrada, ambiente e natureza da carga perigosa. A maioria destes factores são variáveis de entrada que se encontram no sistema de transporte de mercadorias perigosas e que, sob a influência de elementos internos do sistema, transformam a segurança numa variável de saída.

O objetivo do transporte seguro de mercadorias perigosas é diminuir o número de acidentes e as suas consequências.

Para atingir este objetivo, é necessário trabalhar de forma contínua e sistemática para aumentar o nível de competência dos participantes no processo de transporte para o manuseamento de mercadorias perigosas.

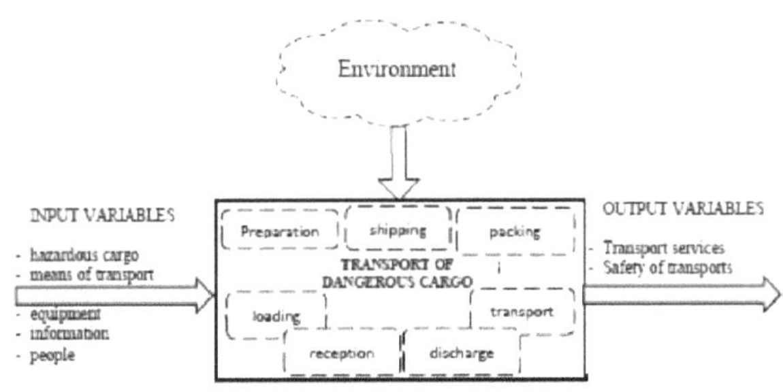

Figura 1: Representação esquemática do sistema de transporte de mercadorias perigosas[1]

O transporte seguro de mercadorias perigosas pode e deve ser gerido, sendo que o termo gestão se refere ao processo de planeamento, organização, controlo e melhoria das actividades e à utilização dos recursos disponíveis

[1] Dragutin J., Dusko V. Novak M.: The role of the main participants in the safe transport of dangerous goods, 9.º Simpósio científico com participação internacional - TRAFFIC ACCIDENTS, Zlatibor, maio de 2015.

(garantidos) para atingir os objectivos estabelecidos.

O sistema de segurança do transporte de mercadorias perigosas, em particular, tem um papel importante e as medidas preventivas de que necessita para responder às consequências de potenciais problemas. Devem ser planeadas e concebidas atempadamente, tendo em conta a probabilidade de ocorrência, os efeitos e a importância da certeza em termos de eliminação das causas que põem em perigo a segurança do transporte de mercadorias perigosas.

3. RISCO PARA O TRANSPORTE DE MERCADORIAS PERIGOSAS COMO UMA QUESTÃO DE SEGURANÇA

Geralmente, o termo risco inclui certos factores de exposição que podem levar a consequências indesejáveis.

A definição básica de risco para a OHSAS diz que o risco é uma combinação da probabilidade de um evento perigoso ou exposição e a gravidade da lesão ou ameaça à saúde (danos à saúde), que pode ser causada pelo evento perigoso ou exposição (citação: norma SRPS OHSAS 18001: 2008). O risco deve procurar e encontrar soluções técnicas e organizacionais para a sua redução a um nível que possa ser controlado e possa ser operado.

Na sua essência, o risco é definido como o produto da

probabilidade de acontecimentos futuros e da gravidade das consequências desse acontecimento. A probabilidade e as consequências podem ser avaliadas de diferentes formas, qualitativa ou quantitativamente, utilizando métodos adequados. Assim, a Lei sobre Segurança e Saúde no Trabalho definiu o risco como a probabilidade de lesão, doença ou dano para a saúde de um trabalhador devido a uma ameaça, enquanto a norma OHSAS definiu o risco como uma medida da probabilidade e das consequências de acontecimentos potencialmente perigosos.

O risco durante o transporte de mercadorias perigosas é a combinação da probabilidade de um acidente ou de uma emergência com consequências nefastas para a saúde e a vida das pessoas, os bens e o ambiente. A possibilidade de ocorrência de situações de emergência durante o transporte de mercadorias perigosas, com consequências importantes, exige uma gestão profissional e ecológica do risco. É no transporte de mercadorias perigosas que se reflecte o ferimento ou a morte diretamente associados ao transporte de mercadorias perigosas e em que tal violação exige uma intervenção médica intensiva, internamentos hospitalares mais longos e uma incapacidade para o trabalho. Além disso, a perda ou fuga de mercadorias perigosas em quantidades durante a emergência deve comunicar à autoridade competente do país em que o evento ocorreu (obrigação de 1.8.5 ADR). estes montantes são[2] :

- Mercadorias perigosas da categoria de transporte 0 ou 1, numa quantidade igual ou superior a 50 l / 50^k g;

---

[2] ADR (Acordo Europeu relativo ao Transporte Internacional de Mercadorias Perigosas por Estrada), aplicável a partir de 1 de janeiro de 2013.

- mercadorias perigosas da categoria de transporte 2, numa quantidade igual ou superior a 330 l/330 kg e

- Mercadorias perigosas da categoria de transporte 3 ou 4 em quantidades iguais ou superiores a 1000 1 / 1000 kg.

Os acontecimentos extraordinários ocorridos durante o transporte de mercadorias perigosas podem ser acompanhados de numerosas despesas, tais como: o custo das mercadorias perigosas destruídas ou perdidas ou os custos relacionados com a indemnização por danos causados ao ambiente vulnerável, o custo de eventuais ferimentos em pessoas, tanto as envolvidas no processo de transporte como terceiros, bem como outros custos associados a acidentes no transporte de mercadorias perigosas.

O risco no transporte de mercadorias perigosas simplesmente existe e não é algo que seja necessariamente mau - é realista e, na maioria dos casos, pode ser evitado. O risco, enquanto tal, representa uma oportunidade de melhoria se for detectado a tempo, determinar e definir os métodos e medidas para a sua gestão. É também necessário ter em conta o facto de que a eliminação completa do risco não é possível.

A avaliação do risco profissional e do risco de acidentes durante o transporte de mercadorias perigosas permite estabelecer um certo número de medidas e actividades preventivas, a fim de reduzir a probabilidade de acidentes e as suas consequências potenciais.

4. GESTÃO DOS RISCOS NO ÂMBITO DA GESTÃO DA SEGURANÇA DO TRANSPORTE DE MERCADORIAS PERIGOSAS

A gestão do risco é um processo que permite às pessoas e organizações lidar com a incerteza das suas consequências, planeando e realizando actividades que protegem os seus interesses e recursos vitais.

A existência de perigos durante o transporte de mercadorias perigosas significa que, ao mesmo tempo, existem riscos reais para a vida e a saúde das pessoas, dos bens materiais e do ambiente.

O processo de gestão dos riscos no transporte de mercadorias perigosas pode ser definido como um conjunto de actividades destinadas a identificar e controlar os elementos

dos processos de transporte e os seus resultados que podem

potencialmente conduzir a condições adversas no sistema de

transporte de mercadorias perigosas. O seu objetivo é criar

as condições necessárias para eliminar ou reduzir o risco para

um nível aceitável. O risco aceitável é considerado um risco

que pode ser gerido em determinadas condições prescritas.

O objetivo da gestão dos riscos do transporte de mercadorias

perigosas é identificar os factores de risco relevantes para

cada atividade do processo de transporte, desde as

actividades do expedidor até às actividades do

descarregador, e depois desenvolver um plano de gestão dos

riscos para reduzir a probabilidade de ocorrência de

condições de insegurança.

Cada interveniente no processo de transporte deve poder, no

decurso do exercício contínuo das suas actividades, eliminar os perigos e riscos de segurança existentes e potenciais e eliminar ou reduzir as possibilidades de violação da segurança no transporte de mercadorias perigosas ou de ocorrência de um acidente.

A gestão dos riscos no transporte de mercadorias perigosas é uma atividade central da gestão responsável pela execução do transporte. Todos os intervenientes no processo de transporte têm a sua quota-parte de responsabilidade na gestão dos riscos, na proporção da sua participação e do seu papel no processo.

A filosofia geral da gestão de riscos nos processos de trabalho e no transporte baseia-se nos princípios estabelecidos na norma OHSAS 18001. A conformidade com a estrutura das normas ISO 9001 e ISO 14001 indica que a probabilidade de sucesso se concentra em sistemas de gestão integrados.

A gestão dos riscos das mercadorias perigosas envolve a identificação e a análise dos perigos, a avaliação dos riscos, o seguro de acidentes, o planeamento e a aplicação de medidas adequadas de prevenção, preparação e resposta a acidentes e consequências para a reabilitação, Figura 2.

A identificação de perigos é o processo de reconhecer a existência de um perigo e definir as fontes, a probabilidade de um acontecimento ou conjunto de circunstâncias, bem como as suas potenciais consequências.

O perigo no transporte de mercadorias perigosas pode ser definido como a fonte, a situação ou o processo que pode provocar danos sob a forma de lesões corporais ou danos para a saúde (ou ambos), bem como poluição ambiental. A identificação dos perigos associados ao transporte de mercadorias perigosas inclui a verificação de todos os pontos críticos nas actividades do processo de transporte, desde a preparação para a expedição até à entrega final da carga ao utilizador final. É necessário analisar o fator humano como possível causa do acidente.

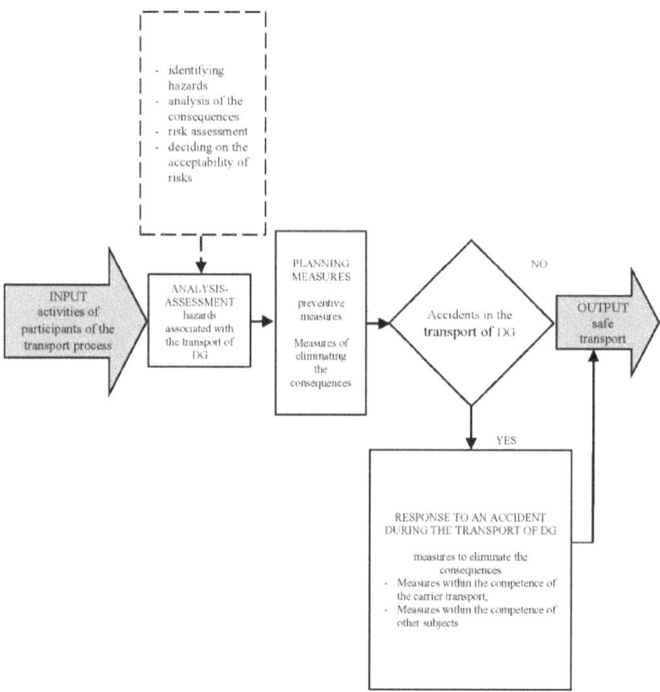

Figura 2: Esquema concetual da gestão dos riscos no transporte de mercadorias

O reconhecimento dos perigos durante o processo de implementação do transporte de mercadorias perigosas é uma tarefa complexa e requer o trabalho de equipa entre as partes, que devem possuir um elevado grau de conhecimento e experiência. Significativo

A assistência no reconhecimento dos perigos pode fornecer questionários bem preparados (listas de controlo) para determinadas fases tecnológicas do processo de transporte. Todas as ameaças identificadas pela fase do processo de transporte constituem uma lista de perigos, que é a base da avaliação de riscos para o transporte de cargas perigosas. Um exemplo de uma lista de controlo apenas na fase de transporte, com base na qual é efectuada uma avaliação dos riscos, é apresentado no Quadro 1.

Quadro 1: Lista de controlo para a identificação dos perigos associados ao transporte de

mercadorias perigosas

Participant-bearer of technological phases in the process of transport	Type of hazards	Hazards	
		YES	NO
carrier	failure to determine whether the dangerous goods to be transported accepted for carriage according to ADR		
	failure to determine that the consignor of a transport put at the disposal of all information prescribed in ADR related to the transported goods		
	failure to determine that the required documents are in the transport unit		
	failure to determine if instead of paper documents used method of operation of electronic data processing or electronic exchange of data, that data is available during transport in a manner that is at least equal value, as well as documentation on paper		
	failure to determine by visual checks that the vehicle or cargo have no obvious defects, leakages or cracks, not missing pieces of equipment, etc.		
	failure to determine that when the tank is not overdue the next test		
	failure to verify that the vehicles are not overloaded		
	failure to determine that the vehicle set prescribed posters and labels		
	failure to determine that the vehicle has equipment prescribed in the written instructions for drivers		
	of the set deviation from the requirements of ADR, carrying a consignment that the requirements are not complied with		
	not keeping to the shipment as soon as possible stop in establishing deviations from the regulations in the course of transportation, which could jeopardize the safety of transport		
	failure to implement measures for safe disposal of the consignment at its stop in establishing deviations from the regulations in the course of transportation		
	continued transportation while requirements that were not met		
	continued transport and that the competent authority (authorities) has not issued an authorization		
	not keeping the necessary administrative support to the carrier by the competent authority in the event that the		

| requirements could not be met | | |
| not keeping the necessary administrative support to the carrier by the competent authority in the case for the remaining portion of the carriage is not granted the authorization | | |

A análise do perigo consiste em determinar a origem e a causa do perigo de um acidente, as pessoas e os ambientes expostos ao perigo, a gravidade das consequências dos acidentes, bem como a probabilidade de danos para a vida e a saúde das pessoas e do ambiente. Ao fazê-lo, ter em conta a adequação e a eficácia das medidas de proteção aplicadas. Para garantir uma análise objetiva suficiente dos perigos, é necessário utilizar as melhores fontes de informação e métodos para o seu processamento. As fontes de informação podem incluir registos do passado, experiência adequada, observação de processos, práticas de trabalho, entrevistas com trabalhadores, literatura apropriada, testes, experiências e simulações, modelos apropriados e opiniões de especialistas e peritos.

A avaliação do risco é o processo de avaliação do risco do perigo, tendo em conta a adequação dos controlos existentes e decidindo se o risco é aceitável ou não. Trata-se da caraterização e determinação do nível de risco para cada perigo identificado. A caraterização do risco representa uma síntese de informações sobre os perigos a partir de uma análise do perigo, indicando as necessidades e os interesses dos decisores e do lado vulnerável. Os responsáveis pela avaliação do risco devem aplicar ou desenvolver métodos adequados para a avaliação do risco. Na prática, são utilizadas várias dezenas de métodos gerais e específicos adaptados a vários processos tecnológicos (AUVA, BG, KINNEY, PILC, FTA, HAZOP,...). Existem métodos qualitativos, métodos semi-quantitativos e métodos quantitativos. Os métodos qualitativos de avaliação dos riscos determinam, de forma descritiva, o nível de risco (por exemplo, insignificante, baixo, médio, elevado...). A avaliação quantitativa do risco utiliza um valor numérico para avaliar os riscos. Uma das formas de matriz de avaliação dos riscos é apresentada no Quadro 2, e com base na qual será efectuada a fase de avaliação dos riscos do transporte de mercadorias perigosas, no Quadro 3.

Decidir a aceitabilidade do risco ou a categorização do risco é a sua classificação em riscos aceitáveis, condicionalmente aceitáveis e inaceitáveis em relação aos níveis estimados. Para a avaliação e categorização do risco é frequentemente utilizada a matriz de risco. A matriz está sombreada na categoria de risco aceitável, ou seja, o risco que pode ser controlado sob certas condições, enquanto os riscos cuja pontuação não está sombreada caem na categoria de risco inaceitável, Tabela 2.

Quadro 2: Matriz de avaliação dos riscos

Probability Consequences	certainly (5)	very probably (4)	probably (3)	little probably (2)	Almost impossible (1)
death (5)	25	20	15	10	5
Serious injury (4)	20	16	12	8	4
injury (3)	15	12	9	6	3
Higher environmental degradation (2)	10	8	6	4	2
less endangerment environment (1)	5	4	3	2	1

Quadro 3: Avaliação dos riscos na fase de transporte de mercadorias perigosas com base na matriz de risco

	Description of danger	Probability	Consequences	Rank risk
1.	failure to determine whether the dangerous goods to be transported accepted for carriage according to ADR	2	2	4
2.	failure to determine that the consignor of a transport put at the disposal of all information prescribed in ADR related to the transported goods	2	1	2
3.	failure to determine that the required documents are in the transport unit	2	1	2
4.	failure to determine if instead of paper documents used method of operation of electronic data processing or electronic exchange of data, that data is available during transport in a manner that is at least equal value, as well as documentation on paper	2	1	2
5.	failure to determine by visual checks that the vehicle or cargo have no obvious defects, leakages or cracks, not missing pieces of equipment, etc.	4	3	12
6.	failure to determine that when the tank is not overdue the next	2	3	6

	test			
7.	failure to verify that the vehicles are not overloaded	3	5	15
8.	failure to determine that the vehicle set prescribed posters and labels	2	1	2
9.	failure to determine that the vehicle has equipment prescribed in the written instructions for drivers	3	1	3
10.	of the set deviation from the requirements of ADR, carrying a consignment that the requirements are not complied with	2	2	4
11.	not keeping to the shipment as soon as possible stop in establishing deviations from the regulations in the course of transportation, which could jeopardize the safety of transport	2	4	6
12.	failure to implement measures for safe disposal of the consignment at its stop in establishing deviations from the regulations in the course of transportation	2	3	6
13.	continued transportation while requirements that were not met	3	2	6
14.	continued transport and that the competent authority (authorities) has not issued an authorization	2	2	4
15.	not keeping the necessary administrative support to the carrier by the competent authority in the event that the requirements could not be met	3	2	6
16.	not keeping the necessary administrative support to the carrier by the competent authority in the case for the remaining portion of the carriage is not granted the authorization	2	2	4

Os riscos inaceitáveis requerem a definição de medidas correctivas que eliminem completamente o risco ou forneçam um controlo para reduzir o risco para um nível aceitável. Os riscos que não são categorizados são considerados vagos e requerem medidas que forneçam as informações necessárias para resolver a indefinição.

O planeamento de medidas preventivas é da responsabilidade dos participantes no processo de transporte, em conformidade com a legislação nacional aplicável. As medidas preventivas são um conjunto de medidas e procedimentos adoptados com o objetivo de prevenir e reduzir a probabilidade de acidentes no transporte de mercadorias perigosas e as suas possíveis consequências. Se a avaliação do risco, devido à inadequação das medidas aplicadas, estabelecer a existência de um risco inaceitável, então os participantes no processo de transporte devem aplicar as técnicas modernas, evitando as ameaças na fonte através da substituição de substâncias perigosas por outras menos perigosas, utilizando a proteção colectiva e individual, etc., a fim de diminuir o nível de risco.

O planeamento de medidas correctivas para eliminar as consequências de acidentes no transporte de mercadorias perigosas implica o desenvolvimento de planos de conservação adequados antes do início das actividades de trabalho no processo de transporte, que incluirão a implementação de todas as medidas necessárias para a eliminação das consequências. Para criar os planos necessários, a sua cobertura, aplicabilidade, eficiência e eficácia, são prescritas numerosas normas a nível internacional e nacional. Os elementos para a criação de planos de proteção fornecem uma análise do risco de acidentes. Os planos de proteção são elaborados para qualquer situação em que haja risco de actividades identificadas devem ser coordenados e complementar-se mutuamente.

Para a eliminação das consequências de um acidente é de especial importância a prontidão, definida como a fase alcançada de preparação de todos os sujeitos (humanos e materiais) com o objetivo de dar uma resposta adequada ao acidente com o mínimo de consequências. Na resposta ao acidente, em função da sua gravidade e dimensão, de acordo com os planos de proteção harmonizados, devem participar as autoridades e instituições responsáveis pelo mesmo, essencialmente pessoal e material treinado.

As medidas para eliminar as consequências dos acidentes (reparação) têm por objetivo monitorizar a situação pós-acidente, a recuperação e a reabilitação do ambiente e a ameaça de recorrência do acidente. A reabilitação inclui o desenvolvimento de um plano de reabilitação e um relatório sobre o incidente.

A prescrição de medidas preventivas, bem como de planos de reação a incidentes e de reparação de danos, constitui um sistema global de gestão dos riscos do transporte de mercadorias perigosas, que incentiva a eliminação (evitação) de quaisquer riscos ou a sua redução para um nível mínimo aceitável.

5. CONCLUSÃO

A gestão dos riscos no transporte de mercadorias perigosas deve ser encarada no espírito do esforço global para melhorar a segurança e faz também parte do processo de gestão da segurança do transporte. O objetivo é criar condições para eliminar os perigos ou reduzi-los a um nível de risco aceitável, que possa ser gerido em determinadas condições prescritas.

A gestão dos riscos no transporte de mercadorias perigosas deve ser vista como um conjunto de actividades destinadas a identificar e controlar os elementos dos processos de transporte e os seus resultados que podem potencialmente conduzir a condições adversas no sistema de transporte de mercadorias perigosas.

Para gerir eficazmente os riscos no transporte de mercadorias perigosas, é necessário identificar os factores de risco relevantes para cada atividade do processo de transporte, desde as actividades do expedidor até às actividades do descarregador, e desenvolver um plano de gestão dos riscos para reduzir a probabilidade de ocorrência de condições de insegurança.

Uma das actividades iniciais do processo de gestão do risco de acidente no transporte de mercadorias perigosas deve ser a sua avaliação, que facilita o estabelecimento de uma série de medidas e actividades preventivas destinadas a reduzir a probabilidade de acidentes e as suas potenciais consequências.

A direção responsável pela execução do transporte de mercadorias perigosas no âmbito da sua atividade central deve estabelecer uma gestão dos riscos. Para além dele, todos os participantes no processo de transporte, proporcionais e com funções no processo, têm a sua quota-parte de responsabilidade na gestão dos riscos. Assim, cada interveniente no processo de transporte deve ser capaz, no decurso das suas actividades, de eliminar continuamente os perigos e riscos de segurança existentes e potenciais e de eliminar ou reduzir as possibilidades de segurança das mercadorias perigosas ou de ocorrência de um acidente.

Uma das condições prévias mais importantes para uma gestão de riscos bem sucedida é que todos os intervenientes no transporte de mercadorias perigosas cumpram as prescrições adequadas do ADR. Os intervenientes no processo de transporte de mercadorias perigosas devem adotar medidas adequadas para evitar danos ou ferimentos, em função do tipo e da dimensão dos perigos previsíveis.

Se, no decurso do transporte de mercadorias perigosas, ocorrerem danos ou lesões nos participantes no processo de transporte, estes devem poder tomar medidas que reduzam os seus efeitos nocivos. Neste contexto, devem, em caso de perigo iminente para a segurança pública, informar imediatamente as unidades de bombeiros e a polícia e fornecer-lhes as informações necessárias para a intervenção.

6. REFERÊNCIAS

l.ADR (Acordo Europeu relativo ao Transporte Internacional de Mercadorias Perigosas por Estrada), aplicável a partir de 1 de janeiro de 2013.

1 Bhavesh Raman Govan: Risco do transporte de mercadorias perigosas: South Durban case Stady, apresentado em cumprimento dos requisitos para a obtenção do grau de Mestre em Ciências em Engenharia no Programa de Engenharia Civil, Escola de Engenharia Civil, Topografia e Construção da Universidade de KwaZulu-Natal, Durban, 2005.

3 Habic A.: Prirocnik za voznike, ki prevazajo nevarno blago, prirucnik, Maribor 2013.

4 . ISO 31000 Gestão de riscos - Princípios e directrizes de

implementação

5 . Jovanovic D., Vujanovic D., Milosevic N.: Uloga glavnih ucesnika u bezbednosti transporta opasnog tereta, 9. naucno-strucno savetovanje sa medunarodnim ucescem - TRAFFIC ACCIDENTS, Zlatibor, maio, 2015.

6 . Jovanovic D., Vesovic V., Babic B., Curcic N.: Mogucnosti upravljanja rizicima u funkcionisanju zeleznickog saobracaja u uslovima ekstremnih vremenskih nepogoda, XVIRAILCON 14, Nis, 2014.

7 . Jovanovic D.: Sistemski pristup procesu bezbednog transporta opasnog tereta, X. simpósio com participação internacional - PREVENÇÃO DE ACIDENTES RODOVIÁRIOS 2010, Novi Sad,jun2010

8 Mayer G.: Kontrole opasnog tereta na drumovima Austrije, conferência de peritos, Railway Engineering Society, N.

Sad, 2009.

9 Petrovic LJ, Vujanovic D.: Kontrola prevoza opasnih materija u drumskom saobracaju, o simpósio com participação internacional: Prevenção de acidentes de viação - Instituto de Transportes Faculdade de Ciências Técnicas de Novi Sad, N.Sad, 2002;

10 Petrovic LJ., Vujanovic D.: Promet otrova R Srbiji, Sprofessional associations expensive advisers for the transport of dangerous cargo: ADR workshop, Ljubljana 2007;

11 Petrovic LJ: Transport opasne robe u drumskom saobracaju, prirucnik, "Trigon inzenjering", Belgrado, 2004.

12 Pravilnik nacinu o prevozu opasnih materija u drumskom saobracaju (Sl.list SFRJ82/90).

13 Pravilnik o strucnom osposobljavanju vozaca motornih

vozila kojima se prevoze opasne materije i drugih lica koja ucestvuju u prevozu tih materija (Sl. list SFRJ br. 17/91).

14 Ugarak D., Stjelja Z., Jovanovic D., Petrovic LJ: Risk managing while transporting dangerous goods, XIX th INTERNATIONALSCIENTIFIC CONFERÊNCIA ^TRANSPORT 2009", Bugarska, Sofija, 2009

15 . Ugarak D., Jovanovic D.: Upravljanje rizikom prevoza opasnih materija zeleznicom, 14. Conferência científica sobre caminhos-de-ferro com participação internacional ZELKON 2010, Nis, outubro de 2010.

16 . Washington State Department of Transportation, "Target Zero", a Strategic Plan for Highway Safety 2000, Washington D.C., 2000.

17 . Zakon o prevozu opasnih materija (Sl. glasnik R. Srbije

br.88/2010.)

18 . Zakon o hemikalijama (Sl. glasnik R. Srbije br.36/09, de 12.05.2009.)

19 . Zakon o bezbednosti i zdravlju na radu (SI. glasnikR. Srbije br. 101/2005

Printed by Books on Demand GmbH, Norderstedt / Germany